U0268328

写给小小建筑师

建筑中的神奇生物

梁励韵　著

广州美术学院科研项目库课题“时空交错式理论下的工业遗产展示设计研究”资助（项目号 20XSB12）

·北京·

内容简介

本书以古今中外建筑中常见的动植物装饰为主题，不仅用插图的形式向小读者们展示了这些装饰的外观，还用通俗易懂的语言，解释了它们背后的传说及独特的精神内涵。你会在书里看到古埃及神庙柱子上的纸莎草，苏州园林门窗上的“岁寒三友”，中国古代书院牌坊上张嘴能吐出一本书的麒麟，还有西班牙建筑师高迪创造的五彩蜥蜴。

你会了解到，即使是同一种生物，在不同地区和时代背景下，还能有那么大的差异。例如，中国古代建筑装饰中常见的龙，代表着皇权和吉祥，而龙在西方却是极为不同的象征。让我们一起探索建筑之美，挖掘那些隐藏在建筑中的神奇生物吧！

图书在版编目（CIP）数据

建筑中的神奇生物 / 梁励韵著. —北京：化学工业出版社，2023. 11

ISBN 978-7-122-44463-9

Ⅰ. ①建…　Ⅱ. ①梁…　Ⅲ. ①建筑装饰-装饰图案-研究-世界　Ⅳ. ①TU238

中国国家版本馆CIP数据核字（2023）第211374号

责任编辑：孙梅戈　　装帧设计：派糖童书
责任校对：李雨晴

出版发行：化学工业出版社（北京市东城区青年湖南街13号 邮政编码100011）
印　　刷：北京尚唐印刷包装有限公司
889mm × 1194mm　1/16　印张5　字数30千字　2024年2月北京第1版第1次印刷

购书咨询：010-64518888　　售后服务：010-64518899
网　　址：http://www.cip.com.cn
凡购买本书，如有缺损质量问题，本社销售中心负责调换。

定　　价：69.80元

前言

看到这本书的名字，也许你会想：

“建筑不就是由石头、水泥、钢筋和木材等构成的吗？这里面怎么可能有生命存在呢？”但是，当你进入这本书的世界，你就会惊奇地发现，建筑中竟然蕴含着那么多千奇百怪的生物！

它们或许是威武的狮子，守护着皇宫的大门；或许是一朵不起眼的小花，点缀在梁柱之间；或许是只出现在传说中的神龙，抑或是你日常享用的一种水果……这些生物都有可能是传统建筑中的装饰，是千百年来无数能工巧匠的创意和智慧结晶。当你欣赏这些建筑装饰时，除了享受视觉上的愉悦，是否也会发出疑问：它们有什么意义呢？

在本书中，我们将选取许多有趣的动植物纹样，通过文化比较的视角，探讨这些装饰纹样所体现的精神内涵和文化特征。你还会看到，即使是同一种生物，在不同民族、地区和时代背景下，所表达的含义也可能天差地别。除了传统建筑中的精美装饰，现代仿生建筑则通过模仿生物的形态、结构和行为来进行设计。这种建筑可以像生物一样适应环境的变化，在外观上呈现独特的形态。

让我们一起探索建筑之美，挖掘那些隐藏在建筑中的神奇生物吧！跟着我们的步伐，享受这段奇妙的旅程！

梁励韵

2023 年 11 月

目　　录

第一章
建筑中的飞禽走兽

第二章
建筑中的秘密花园

第三章
现代仿生建筑

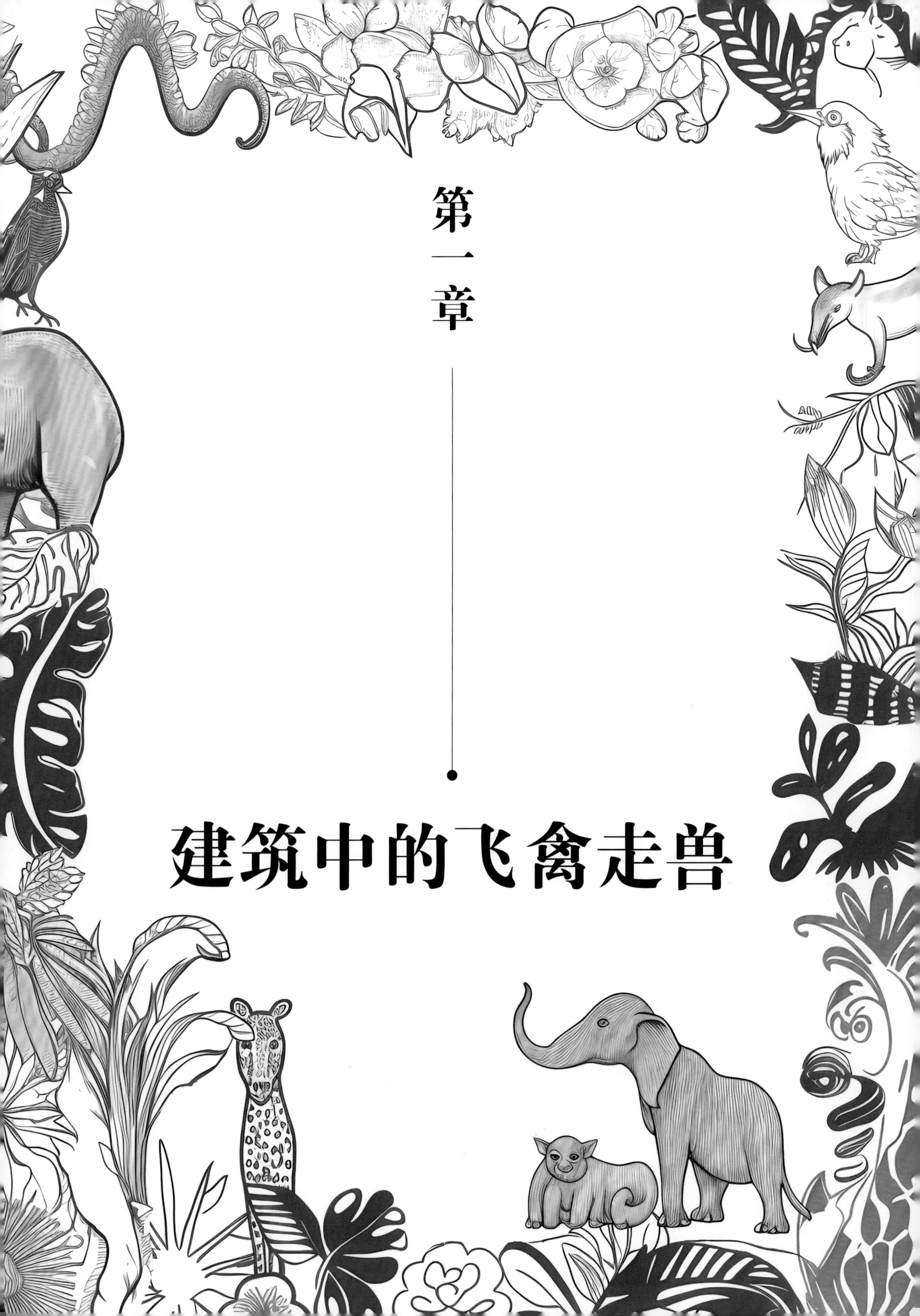

第一章

建筑中的飞禽走兽

龙

炎黄子孙被誉为“龙的传人”，我们一直将龙视为中华民族最具象征性的文化图腾。但是，这个神秘生物是否真的存在于现实世界中呢?

一些人认为，在远古时期，龙确实存在过，可能是一种类似于巨蟒、大蜥蜴、鳄鱼、鲵鱼等的动物。

然而，更多的学者认为，龙的形象是先民在吸收了诸多氏族部落的文化精华后，借助想象力，将鹿、驼、蛇、鱼、鹰、虎、牛、兔等许多动物的基本形象相互融合而成的。龙象征着古代人民对美好事物的向往，对自然界神秘力量的敬畏，对未来生活的希望。

在古代中国，龙更是皇权的象征。皇帝自称“真龙天子”，身着龙袍，坐于龙椅，而宫殿建筑中随处可见的龙纹装饰，更加彰显了这一象征的重要性。

山西太原晋祠圣母殿的盘龙柱

盘龙柱是中国古代建筑中极为独特的一种立柱，往往被使用在一些较高等级的建筑上。在山西太原晋祠圣母殿，你能找到中国现存最早的木雕盘龙柱。八条盘龙各抱一根大柱，怒目利爪，栩栩如生。

山东曲阜孔庙

山东曲阜孔庙中也大量采用了龙纹装饰,包括建筑的藻井、天花、墙面、梁架、柱子等都可以看到龙纹装饰。其中大成殿的 28 根雕龙石柱最是引人注目。

在中国古代传说中，龙掌管着海底世界和天上的雨水，是建筑防火的祥瑞之物。匠人们将龙的雕塑放在屋脊上，既美观又实用，兼具美好的寓意。闽粤一带的庙宇中常见形态生动的龙脊饰，就像给建筑戴上了一顶华丽的皇冠。

广东佛山——双龙壁

在中国古代建筑的照壁上，最显尊贵的装饰图案之一就是龙。龙的数量越多，表示主人的地位越高。例如，北京故宫里就有一面九龙壁。

广东佛山的祖庙里有一面长 12 米、高 3 米的双龙壁，上有两条陶瓷制成的巨龙，在蓝天碧水中遨游，呈现出双龙戏珠的姿态。

相比之下，古代欧洲人却认为龙是邪恶的象征，多以可怕的怪物形象出现。它们有长长的尖爪和巨大的翅膀，一副丑陋凶狠的样子，会喷火，被视为黑暗势力的化身。因此，杀死恶龙被视为正义且勇敢的行为，屠龙者是大英雄。

在西方教堂里常常可以看到的骑士屠龙的雕像，源于中世纪时期一则“圣乔治救少女”的神话故事。传说圣乔治经过激烈的战斗后杀死了凶残的恶龙，救下了纯洁的少女，维护了人间的正义和圣洁，由此被人们世代传颂。

现代西方人早已不再对龙产生恐惧，反而把龙的形象作为一种独特的装饰元素运用在建筑设计中。

安东尼·高迪

比如 20 世纪初西班牙的天才建筑师安东尼·高迪，在设计巴塞罗那的“巴特罗之家”时，把建筑的屋顶做成了龙脊的样子，还用具有金属光泽的彩色瓷砖营造出龙鳞的感觉。远远看去，整个建筑就像一条隐身在城市里的巨龙。

巴特罗之家

龙的儿子们

人们常说“龙生九子，各有不同”，指的是从“龙”的形象演化出来的各种神兽，虽然它们身体的某些部分继承了龙的特征，但它们形象各异，脾气和秉性更是大相径庭。

其实龙的儿子远不止九位，通常认为，“九”只是一种虚指，表示很多的意思。所以，人们在罗列九位龙子的时候，流传着许多不同的版本。

常见的有：囚牛、睚眦、嘲风、蒲牢、狻猊、赑屃、狴犴、负屃、螭吻。右页图是根据传说绘制出的龙子形象。

下面，我们介绍几个常出现在建筑中的龙子。

狻猊
Suānní
负屃
Fùxì
蒲牢
睚眦
Yázì
囚牛
嘲风
赑屃
Bìxì
狴犴
Bì’àn
螭吻
Chīwěn

螭吻 龙首鱼身，传说可以镇邪避火，喜欢张大嘴巴吞东西。你很容易在古建筑的屋脊两头找到它。

嘲风 龙首鸟身，象征吉祥、美观和威严。喜欢站在高处眺望远方，所以常常被放在屋顶四个下垂的屋脊上。

椒图 龙首螺身，性格内向、爱静，总是把自己封闭在螺蚌中。可能觉得它有“紧闭”的意思，所以常被用作大门上的铁环兽。

赑屃 又名霸下，龙首龟身。平生好负重，因此常被用作托举石碑。

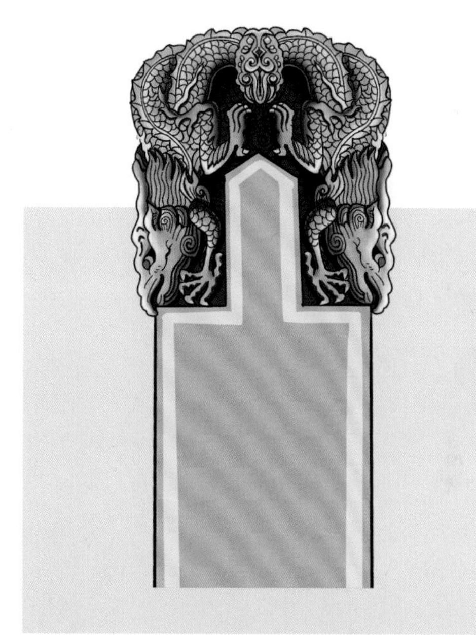

负屃 身似龙，专好书法、文辞，常常蜿蜒盘卧在石碑顶端的两侧。

趴蝮 亦名“蚣蝮（Gōngfù）”，脑袋似龙，身体和四肢都有龙鳞。传说它因做错了事被罚去守护运河一千年，因此我们常常能在桥头和桥身上找到它的雕像。

凤凰

据说凤凰是不死的神鸟，被誉为鸟中之王！可事实上，它只是中国古人把各种鸟兽的形象元素混搭而成的。一开始它长得大概和山鸡差不多，后来它的形态越来越神奇，长着蛇颈、燕颔、龟背、鱼尾等。凤凰还变身为朱雀，成为南方神灵，和东方的青龙、西方的白虎、北方的玄武一起管辖四个方位。中国古人认为凤凰象征着社会安宁和政治清明，因此对它十分敬重。它那灿烂夺目的羽毛和动听悦耳的歌声，都传递了人们对美好和幸福的追求。

湖南凤凰古城的民居常采用轻盈翘起的飞檐，形态如同展翅欲飞的凤凰，具有优美流畅的线条和精美的雕刻，为建筑增添了别样的韵味。同时，这种设计还能有效防止雨水侵蚀，提供更为舒适的居住环境。

河北正定摩尼寺的入口有一幅八字照壁，上面的琉璃瓦浮雕展现了两只飞翔的凤凰和一束盛开的牡丹，形成中国传统吉祥纹样中的“凤穿牡丹”主题，寓意高贵、喜庆、幸福。

金阁寺是位于日本京都的一座著名寺庙，其屋顶上栩栩如生地立着一只张开翅膀的金凤凰。这只金凤凰虽然静止不动，却总在散发一种勇往直前、奋发向上的气息，仿佛随时都会腾空翱翔。

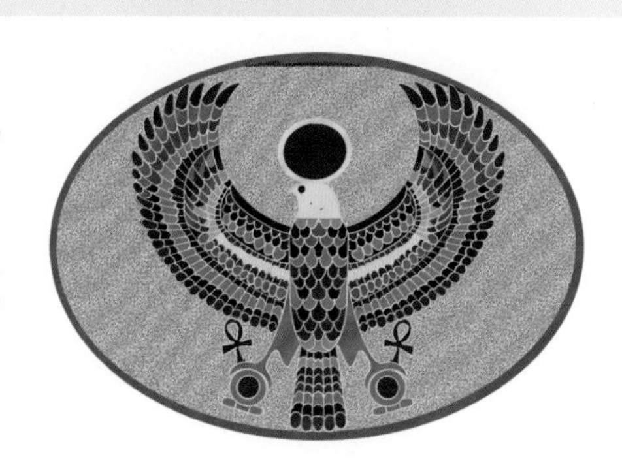

有意思的是，古埃及传说中的菲尼克斯和中国的凤凰存在许多相似的传说：它们都被视为可以浴火重生的神鸟。只是菲尼克斯长得更像老鹰。在埃及的许多建筑遗迹中，我们常常能找到这只大鸟的雕刻和图案。

麒麟

麒麟是中国古代传说中的一种神兽，最初的形象源于鹿，后来融合了马、牛、狮子和龙等元素，身上五颜六色，形态优美。传说麒麟只在太平盛世时出现，象征着君主的圣明；麒麟还是能口吐玉书的圣兽，可为学子们带来智慧和才华；还有人说麒麟能保佑家族人丁兴旺，甚至可以在日月间飞翔。总之，麒麟是一种预示着吉祥的神兽。

江苏镇江的齐景帝修安陵中的“麒麟”石像生

位于江苏的南朝帝陵，神道上摆放了不少用巨石雕琢的神兽，有人认为头上有独角的那些就是麒麟。这些石雕体形硕大，厚重坚实，昂首作仰天长啸状，被用来镇守君王的陵墓。

“麒麟吐玉书”是明清时期常见的建筑装饰题材。麒麟张口吐出一本书，寓意着知识、智慧和文化的传承与发展，广泛应用于宫殿、书院、庙宇、私人豪宅等建筑物的装饰中。

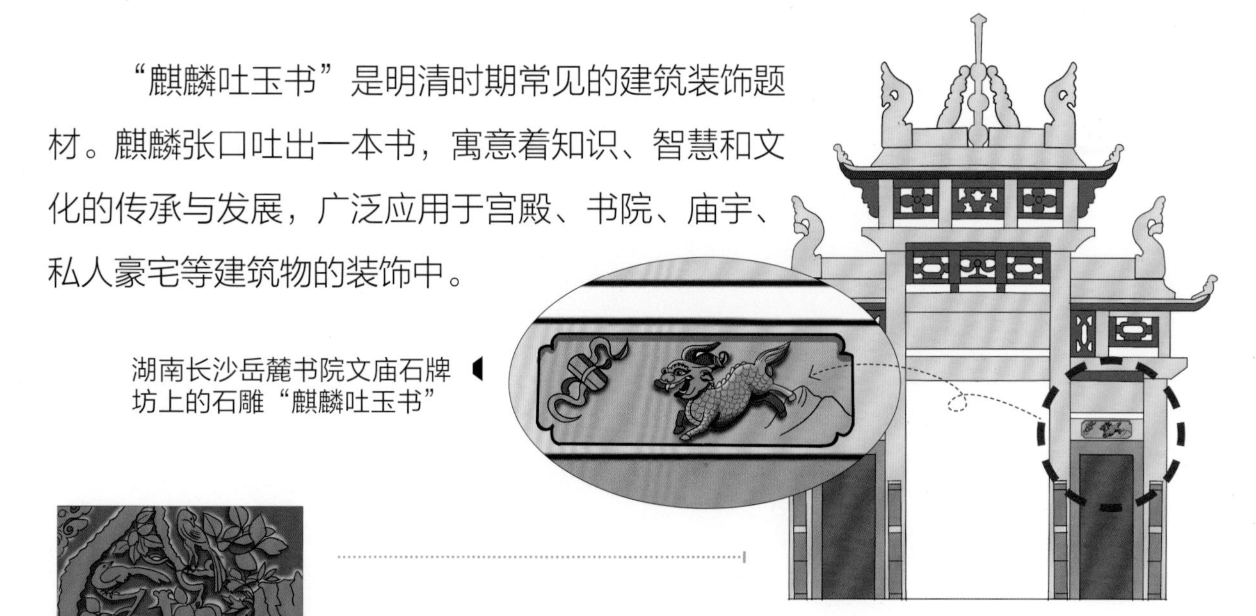

湖南长沙岳麓书院文庙石牌坊上的石雕“麒麟吐玉书”

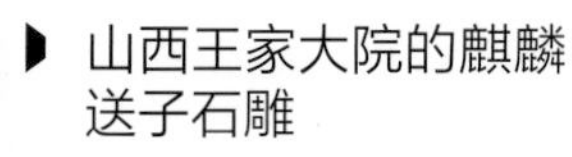

山西王家大院的麒麟送子石雕

“麒麟送子”的传说与孔子的诞生有关，人们以“麟趾”来比喻仁厚贤德和富有文采的子孙。在民间信仰中，麒麟又转化为可以带来子孙繁盛的吉祥灵兽。

怪兽

西方传统建筑中也常常出现各种虚构的怪兽形象。其中一类常见于西方教堂外立面的装饰上，名叫“石像怪”。它们大多面目狰狞、丑陋可怕，同时你也可以从它们身上看到老鹰、蜥蜴、蝙蝠、猴子等动物的影子。据说这些怪兽最初就是教会用来吓唬老百姓的，想让人们感受来自地狱恶魔的恐怖威胁，从而走进教堂寻求庇护。

巴黎圣母院屋顶的“怪兽走廊”里就放置着很多怪兽石像，它们有着贪婪的巨喙、大翅膀和头顶的尖角，有的嘴巴里好像还在撕扯着什么。其中最与众不同的是一只名叫“思提志”的怪物，它一点也不凶恶，反倒是手托着腮，仿佛看着巴黎美丽的景色陷入永久的沉思。

巴黎圣母院的一只滴水嘴兽

荷兰斯希丹市圣罗塞尔圣母教堂的2只滴水嘴兽

西方传统建筑的滴水嘴兽不仅是建筑装饰的一种形式，更起到保护建筑不受雨水侵蚀的作用。在12~16世纪的哥特式建筑时期，滴水嘴兽的造型和数量达到了巅峰。它们的造型五花八门，有的张牙舞爪，有的凶神恶煞，还有的会做鬼脸。

屋顶上的走兽

中国传统建筑中，屋顶檐角常常会设置各种怪兽造型的装饰物，称为“走兽”。它们不仅美化了建筑，还有防火功能，以及避邪、吉祥等寓意。通常摆放顺序为：龙、凤、狮子、天马、海马、狻猊、押鱼、獬豸、斗牛、行什。但并不是每栋建筑都配有这么多走兽，一般根据建筑的等级高低来增减。如等级最高的北京故宫太和殿，才可以配齐全部走兽。这些走兽的摆放顺序和数量都非常重要，也代表了中华文明的独特魅力。

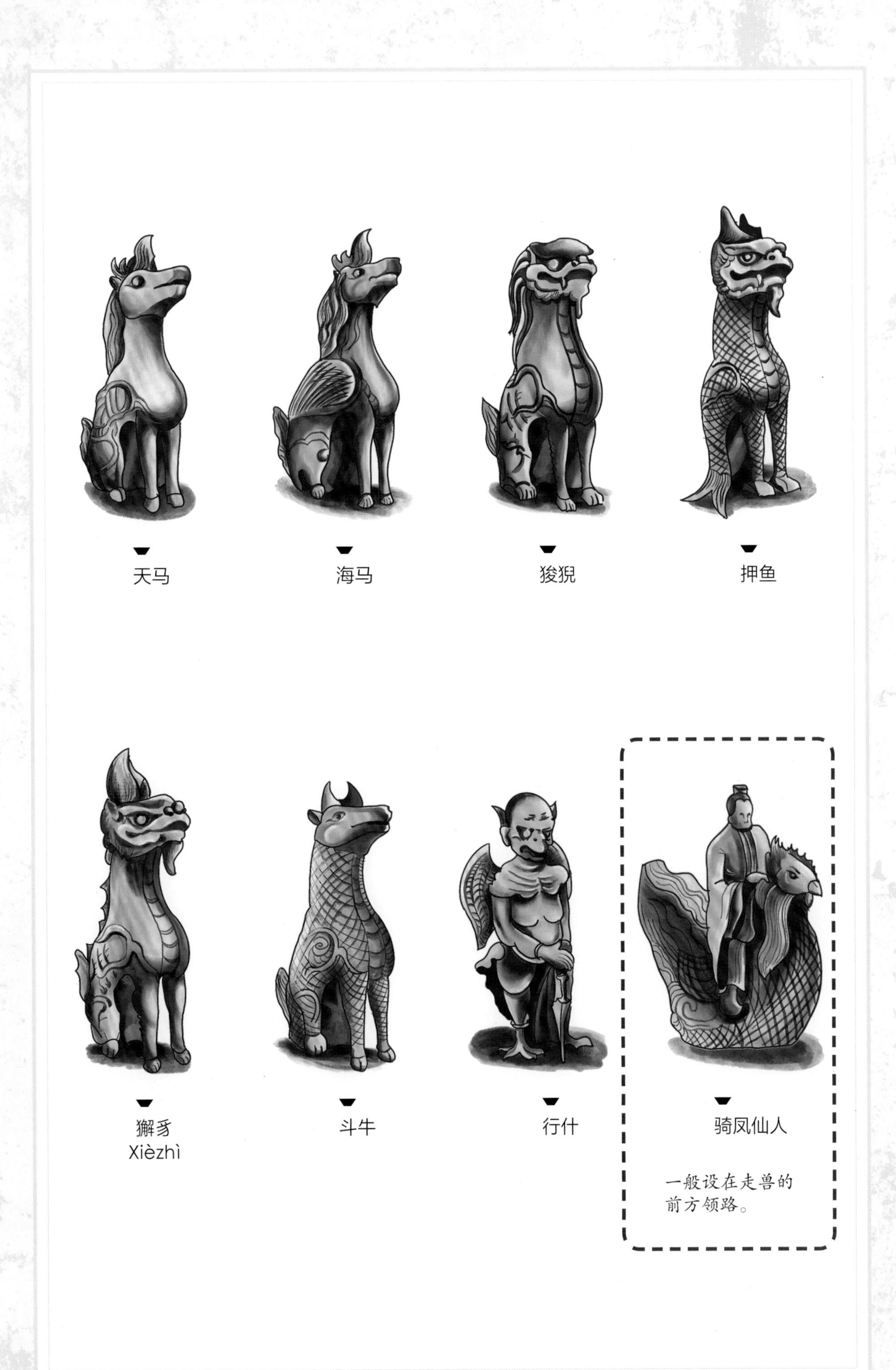
天马
海马
狻猊
押鱼
獬豸
Xièzhì
斗牛
行什
骑凤仙人
一般设在走兽的
前方领路。

狮子

狮子最早生活在非洲，拥有强健的身躯、锋利的牙齿和厚实的鬃毛，善于狩猎，被誉为森林之王。古埃及人甚至将狮子视为王权的象征与太阳神的化身。狮子那雄壮勇猛、高贵威严的气质，也深受世界各地人们的喜爱，被广泛使用到建筑装饰中。

2500 多年前，古巴比伦的城墙和伊什塔尔城门上，用彩色琉璃砖装饰了 120 只栩栩如生的雄狮浮雕！如今，这些狮子浮雕的残片仍保存在包括柏林国家博物馆在内的世界各地博物馆中。

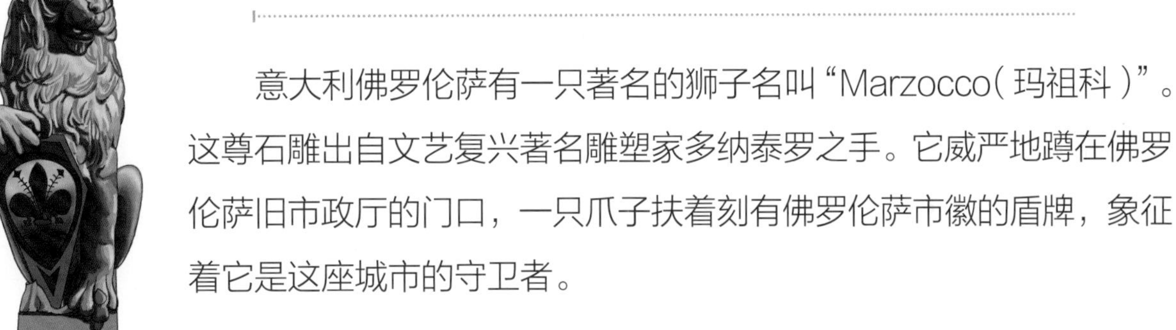

意大利佛罗伦萨有一只著名的狮子名叫“Marzocco（玛祖科）”。这尊石雕出自文艺复兴著名雕塑家多纳泰罗之手。它威严地蹲在佛罗伦萨旧市政厅的门口，一只爪子扶着刻有佛罗伦萨市徽的盾牌，象征着它是这座城市的守卫者。

西班牙的格拉纳达有座建于 13~14 世纪的宫殿——阿尔罕布拉宫。宫殿中著名的“狮子庭院”因一座石狮喷泉而得名。清澈的泉水从 12 只石狮子的口中流出，又顺着地上的水渠缓缓流向庭院的四个方向，为冰冷肃穆的皇宫带来勃勃生机。

▶ 意大利热那亚主教堂入口阶梯上的狮子

英国伦敦弗朗西斯·埃杰顿纪念碑壁柱顶的狮子

欧洲的很多建筑上都能找到狮子的雕像，有时出现在高高的屋顶山花上，也有时作为门口的台阶装饰，还有时被做成喷泉的出水口。这些狮子的形态各异，栩栩如生，不仅是装饰，更是一种精神的象征。

▶ 位于巴黎近郊的尚蒂伊城堡，入口门厅顶部的狮子

据说狮子是在汉代才从西域传入中国的。对于这个陌生的外来动物，中国人的想象也是五彩缤纷的。和西方凶猛的“兽中之王”不同，中国的狮子形象可爱，温顺得像一只大猫。它虽然有着锋利的爪牙，但并不咆哮，反而像是在微笑。后来随着佛教传入中华大地，狮子因为是佛的坐骑而备受推崇，广大民众把狮子当作可驱邪避凶的神兽，创造出了千姿百态的狮子造型。

许多中国建筑的门前都蹲着一对石狮子，人们觉得它既能作为“守卫”之用，同时还能显示主人的尊严与富有。天安门前金水河畔就有两对威风凛凛的石狮子，雕刻于明代永乐年间，是明清时期石狮子的代表作。

中国岭南地区的传统建筑别有一番风情，尤其是它们那丰富多彩的屋顶装饰。这些装饰大多以灰塑和陶瓷制成，题材广泛，包括瑞兽、器物、人物故事等。其中狮子雕塑也是较为常见的一种。这些威武、神圣、吉祥的狮子在建筑上镇守着，形成一道道瑰丽的风景线。

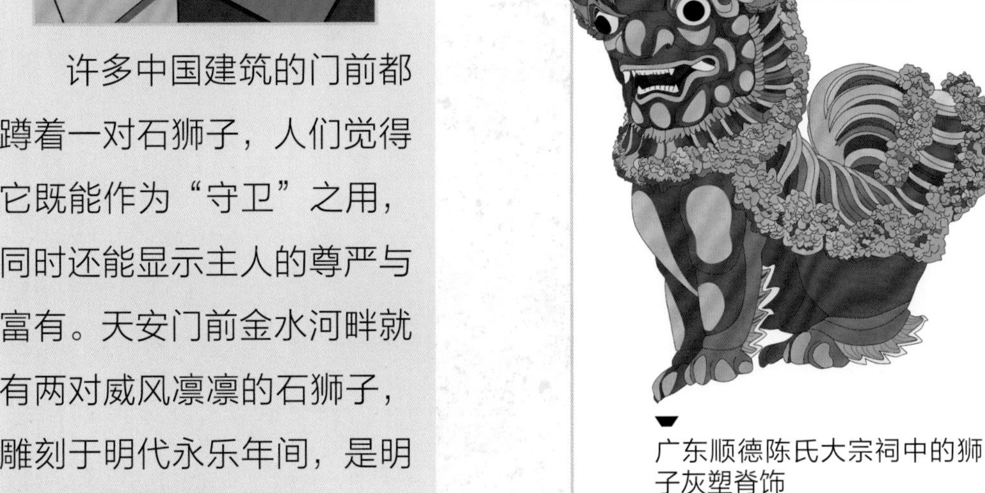

广东顺德陈氏大宗祠中的狮子灰塑脊饰

广东顺德何氏大宗祠中的“狮子滚绣球”木雕驼峰装饰

在中国古代，绣球被视为吉祥喜庆的物品。汉代民间流行“狮舞”表演，两个人合作扮演一只狮子，还有一个人手持绣球逗弄着狮子，在舞台上翻腾、跳跃。“狮子滚绣球”的图案就来源于此，常常被用在服装、建筑、家居饰品等物品上，寓意吉祥如意，好事连连。

大象

尽管如今我们看到大象的机会很少，但早在四千万年前，它们的祖先就已出现在地球上。大象那长长的鼻子、扇形的大耳朵、粗壮的四肢和温和、聪明、勤奋的性格，都能引起人们对它们的喜爱。一些国家甚至将大象视为神明来崇拜，认为它们象征着王权、尊贵、神圣、吉祥和繁荣等。因此，世界各地的建筑中都不乏大象的装饰图案，它们让建筑更加华丽和充满活力。

东南亚国家普遍尊敬大象，因为大象在佛教文化中具有重要地位。所以在皇宫、寺庙和民居中都能找到大象装饰。柬埔寨吴哥窟的斗象台建于公元 12 世纪晚期，是国王检阅士兵和举行重要仪式的场所。该高台基座由石头建造，刻有许多大象雕塑，线条古朴雄浑，特别有气势。

传说象头神是印度教的智慧、财富和排除障碍之神的化身，拥有强大的力量，没有恶魔是它的对手。印度教寺庙建筑中几乎都能找到象头神的雕塑。比如，以建筑、雕刻、绘画艺术闻名世界的印度米纳克希神庙里，就有不少象头神的雕塑。

傣族人将对动植物的崇拜融入建筑中，龙、凤、麒麟、白象、莲花、卷草纹随处可见。白象雕塑是最受欢迎的动物题材，寓意“吉祥如意”。西双版纳曼春满佛寺的三象举佛龛雕像是一个很好的例子，显示出白象在傣族文化中的重要地位。

蝙蝠

蝙蝠是一种长有一双大翅膀的哺乳动物，广泛分布于全球。它们的身体有点像老鼠，头上两只尖尖的耳朵，浑身黑灰色，昼伏夜行。

在中国文化中，因为“蝠”与“福”谐音，所以蝙蝠被视为幸福的象征，经常被用作吉祥纹样。蝙蝠图案往往和石榴、荔枝等寓意“多子多福”的元素一起出现，寓意着家庭的幸福和繁荣。

这处屋檐枋心中的彩画名为“纳福迎祥”，画了数只金色的蝙蝠，正在欢快地飞舞着。蝙蝠图案常常被用于中国传统建筑的窗棂、山花、穿枋、雀替和椽头等部位。例如有“万福之地”之称的北京恭王府，据说里面能找到 1 万只造型各异的蝙蝠。还有苏式彩画包袱中的“五福捧寿”，砖墙窗框中的“福从天降”，穿枋窗眼中的“日日是福”，镂空雀替中的“流云万福”等等。

广东顺德沙滘陈氏大宗祠的山墙上，装饰着一只红色的蝙蝠，口中还叼着一个大花篮，有幸福满堂的寓意。

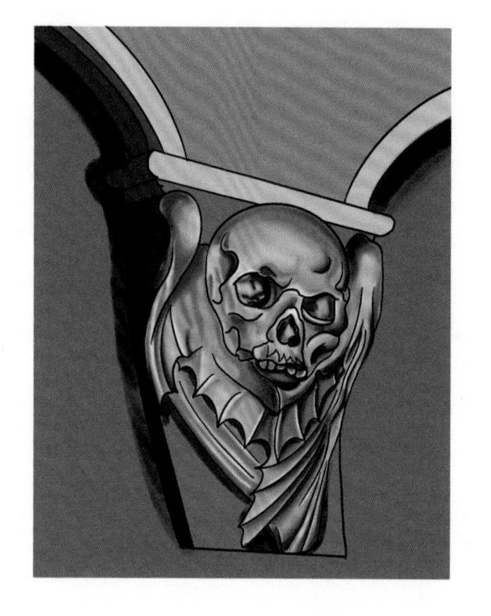

与中国文化不同，蝙蝠在欧洲的传说中大多是邪恶的化身，与黑暗和罪恶紧密相连。在欧洲建筑中，尤其是哥特式教堂里，蝙蝠经常被描绘为凶猛可怕的形象，比如这个用来支撑石拱的蝙蝠造型支架石雕，蝙蝠的脸变成了一个骷髅。蝙蝠还经常出现在墓碑的装饰上，代表着死亡和毁灭。

蜥蜴

蜥蜴是一种冷血爬行类动物，主要生活在热带和亚热带地区。它们大多有细长的尾巴，短小且灵活的四肢，身上覆有鳞片，能够吐出长长的舌头。由于蜥蜴的外形与传说中的龙存在某些相似特征，因此在一些文化中，人们把它视为小龙，象征着权力和高贵。此外，蜥蜴因具有很强的再生能力，被视为希望和生生不息的象征。在许多文化中，蜥蜴都是受到尊重和崇拜的动物，在建筑装饰中被广泛运用。

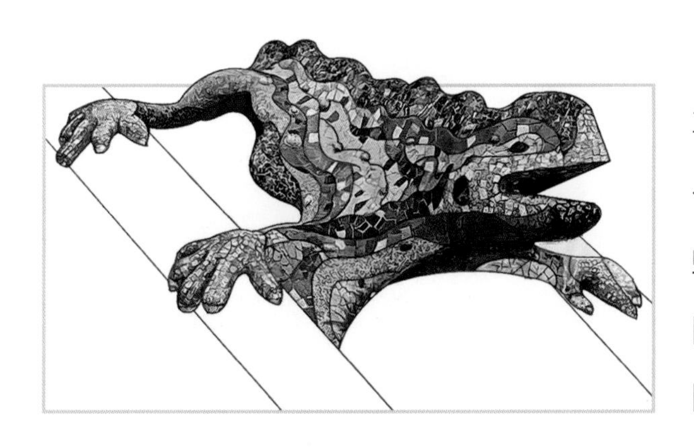

西班牙建筑师安东尼·高迪特别喜欢蜥蜴。他在设计巴塞罗那的古埃尔公园时，特意在公园门口放置了一只大蜥蜴雕像，用马赛克瓷砖做成五颜六色的鳞片。这只蜥蜴后来也成了巴塞罗那的象征之一。

高迪在他的代表作——圣家族大教堂的立面上，设计了几只大型蜥蜴，旁边还加上了龙、蛇等多种动物图案，象征着天堂和地狱之间的战争，以及人类与自然之间的联系。

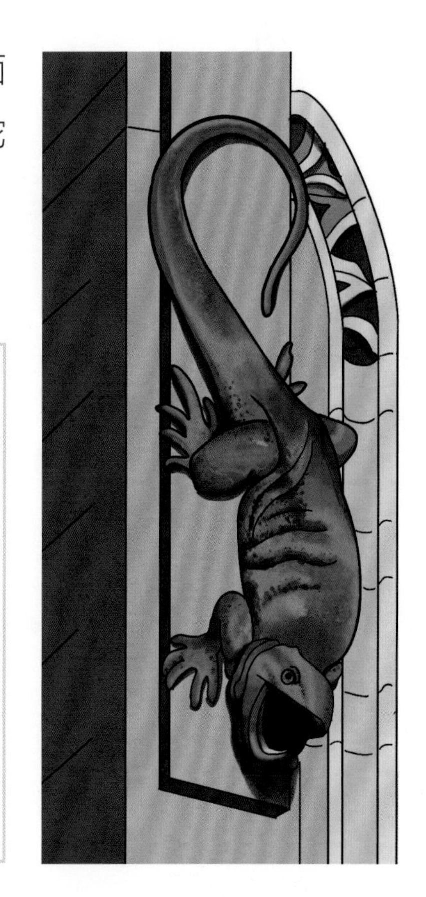

法国默兹省巴索库赫教堂的门上，刻有一只精致的蜥蜴，它正匍匐在一串葡萄上。在基督教中，葡萄象征着耶稣基督的血，而蜥蜴则被视为恶魔的化身，因此这个雕刻可能也暗示着对抗邪恶。

老鹰

你知道吗？欧洲的 40 多个国家中，有 10 个国家的国徽上带有老鹰图案，可以说老鹰是欧洲国徽中最受欢迎的图案之一。远在美洲的美国和墨西哥，也在国徽的设计上采用了鹰的形象。从古罗马开始，老鹰就被视为勇敢、霸气和自由的象征，代表了权力与智慧。老鹰的形象被定为古罗马帝国军团的标志，并随着军队的南征北战传播到整个帝国。从此，老鹰在欧洲人心中的地位愈加崇高，成为了欧洲文化中不可或缺的一部分。

由于欧洲多个国家都使用老鹰图案作为国徽标志，因此在这些国家的政府办公建筑中都可以看到老鹰的图案。比如这个长着两个头的老鹰，是俄罗斯的国徽标志，在克里姆林宫以及其他俄罗斯的皇宫、要塞的大门上都能看到它。

1868 年，法国动物雕塑家鲁亚尔·皮埃尔·路易斯为巴黎歌剧院创作了八只石膏老鹰和两只青铜老鹰。这只张开翅膀、威武凌厉的老鹰，是主入口拱门顶部的，它让这座世界著名的歌剧院更显壮观。

青蛙

青蛙作为文化符号在人类文明中具有悠久的历史。考古学的发现表明，在中国新石器时代的仰韶文化中，就已经在陶器上刻有青蛙的图案。而在战国时期的建筑瓦当上，也能找到青蛙的图案。

在许多文化中，青蛙被赋予多子多福、风调雨顺、辟邪消灾等吉祥寓意。除此之外，青蛙独特的形态和色彩，也使它成为一种非常优秀的装饰元素。

萨拉曼卡大学是西班牙的第一所大学，由国王阿方索九世于 1218 年创立。大学的正门墙壁上刻有密密麻麻的浮雕，其中隐藏着一只“幸运青蛙”。据说是一个工匠偷偷雕刻在这个骷髅头上的，他还下了这样的“诅咒”：“谁能看到这只青蛙，谁就能通过博士学位的考试，让他为学业所烦恼。”后来，这只青蛙竟成为萨拉曼卡大学的标志之一。学生们戏说，只要找到这只幸运青蛙，这学期就会好运连连，考试都能轻松通过。

1980 年在河南洛阳的唐代上阳宫遗址中，出土了一只形态类似青蛙的石像——石蟾蜍。它高 51 厘米、长 96 厘米、宽 71 厘米，嘴巴张开，静静地蹲在石座上。研究者认为它应为宫殿或苑囿的排水设施。

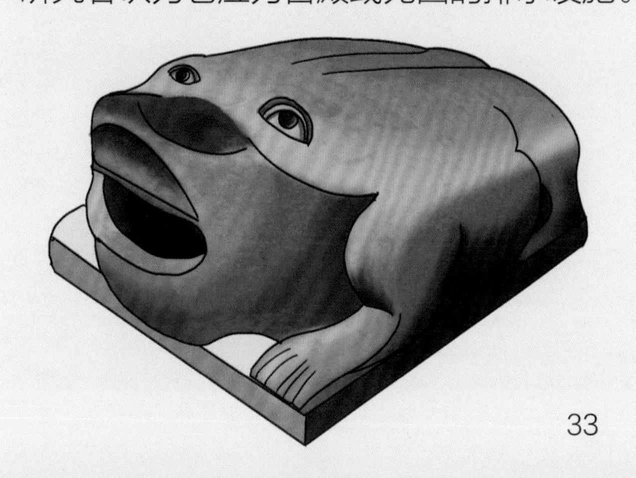

法国布卢瓦城堡的外墙上，有一只青蛙造型的滴水嘴兽，表情生动幽默，张着的大嘴似乎随时准备吐出水来。

第二章

建筑中的秘密花园

莲花

莲花，寓意美好、清新，在中国象征着“出淤泥而不染”的高贵品质。它不仅形态优美，而且全身都是宝，莲子和莲藕都是美味佳肴，莲叶和莲花则被广泛用于药物。因此，莲花历来受到人们的喜爱，甚至把它的形象融入日常建筑之中，以便常常欣赏莲花之美。

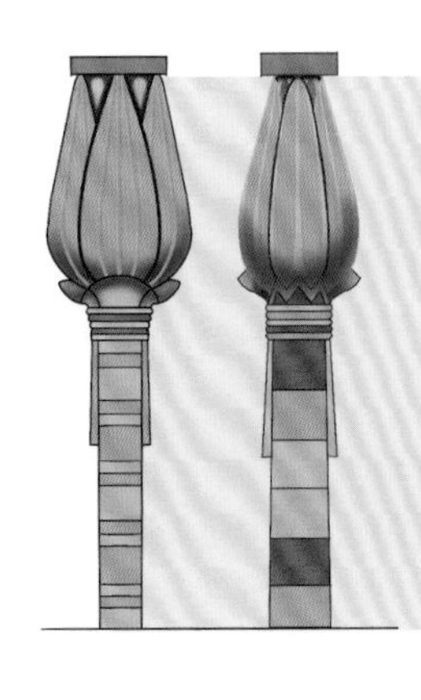

莲花也是古埃及人最喜欢的植物之一，象征着沉思、轮回。他们会在神庙的柱子上刻出莲花花瓣的图案，甚至把柱头直接做成含苞待放的莲花形式。

河北正定县临济寺澄灵塔上的莲花浮雕

圣洁的莲花在佛教文化中被比喻成佛的化身，因此在许多佛教寺庙中都能见到莲花纹装饰。比如柱子底部的柱础、佛塔的底座、房梁上的彩画等。

有时，装饰并非一定要用整个莲花来表现，也可以只用莲叶代替，并且同样具有莲花的象征意义。在山西乔家大院的正房门楼上，有一块特别的匾额，形状就像一片莲叶，莲叶周围卷曲，叶脉清晰，上书“会芳”二字，象征着有德者聚首一堂，体现主人对高雅品质的追求。

纸莎草

suō

纸莎草是一种类似芦苇的水生植物，最早生长在古代埃及的沼泽和池塘中。它高大而坚韧，可生长到4~5米高，茎部富含纤维。因此，古埃及人用纸莎草制造纸张、灯芯、垫子、篮子、绳子和鞋子等物品，甚至还能用一大把草茎捆绑起来做房柱。尽管古埃及人后来改用石头建造房屋，但他们仍然喜欢用纸莎草图案装饰房屋，以表达对这种多功能植物的喜爱。

古埃及人在柱式结构上大量使用纸莎草为主题，将柱头做成各个生长阶段中的纸莎草的形状，如含苞待放的纸莎草、盛开的纸莎草等。这些柱子上有时也会融入莲花花瓣和棕榈树叶等图案，让每根柱子看起来就像一棵棵活生生的植物。

古埃及建筑壁画中也常常出现纸莎草图案，尤其是在展示古埃及人日常生活和劳作场景的壁画中。因为纸莎草不仅有着重要的使用价值，还在埃及人心中象征着幸福和喜悦。

gènsháo
茛苕叶

茛苕是一种地中海地区常见的多年生草本植物。它的叶片呈掌状，叶缘为锯齿形，姿态优美。从公元前 5 世纪的古希腊到 19 世纪末的欧洲，茛苕一直是最为广泛使用的装饰母题。在历经数百年的应用中，工匠和设计师们不断地改良和演进，创造出丰富多样的茛苕叶图案。无论是罗马的万神殿圆柱，法国皇宫的壁画和家具，还是贵族家里的小烛台，都可以看到茛苕叶的图案，显示出这种装饰元素的广泛适用性和不可替代性。

传说古希腊时期，有个名叫科林斯的城邦。一天，一位妇人到墓碑前祭拜时把篮子忘在了墓碑顶上，恰巧墓碑下的茛苕从篮子底下翻卷出来，慢慢生长并包裹住了篮子。雕刻家卡里玛库斯偶然看到后得到启发，创造出了流传千古的科林斯柱头，看上去好似装满花草的篮子。雅典的宙斯神庙正是采用了科林斯柱式。后世的许多欧洲传统建筑中都喜欢使用这种柱式。

茛苕叶不仅被用来创作柱头，还被用于建筑的屋檐、天花、门窗框、地板等部位的装饰中。在 17、18 世纪的法国，人们喜欢模仿意大利文艺复兴时期的风格来装饰室内，茛苕叶也是他们钟爱的元素。法国卢浮宫中的许多房间，天花板和壁板都采用了华丽的茛苕叶装饰，让整个空间充满了艺术气息。

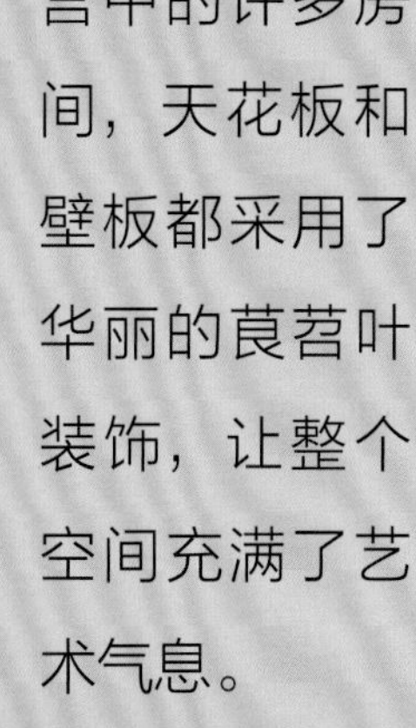

藤蔓

藤蔓图案中使用的植物究竟是什么，在不同的地区有不同的理解。可以是葡萄藤、忍冬藤、常青藤，以及各种花卉图案如莲花、菊花、石榴花、牡丹花等。但是它们的图案构成都有一个共同的特点：卷曲和绵延不断。植物的藤枝互相交错，以叶片和少量花蕾、果实为点缀，按照一定的形式规律无限连续。这些图案不仅起到装饰作用，更让人们从中感受到了大自然的生机勃勃，象征着重生、复活和旺盛的生命力。

中国的藤蔓装饰最初称为忍冬纹或卷草纹，南北朝时开始盛行，被大量运用于佛教建筑中。特征为三瓣叶或四瓣叶图形，以富有变化的组织构成有节奏的图案。上图这些美丽的卷草纹都出自北魏时期的云冈石窟内。

中国岭南建筑的山墙上普遍喜欢使用藤蔓纹来装饰。一般是用白色的灰塑，做成“S”形的曲线。因为和龙有点相似，又被称为“草龙”。传说龙有克火的能力，所以这些藤蔓装饰又有免遭火灾之意。

比利时建筑师维克多·霍塔设计的塔塞尔公馆，是一座充满植物藤蔓装饰的美丽住宅。他用铁艺、壁画等方式，让自由生长的植物爬满了楼梯扶手、栏杆、墙面和柱头。走进房子里，就像身处一处静谧的花园。

中亚地区喜欢用珐琅彩釉砖装饰建筑的墙面。他们把精美的植物图案绘制在一块块长方形的小瓷砖上，然后再拼贴在墙面上，呈现出一种无边无际连续的图案关系。

“岁寒三友”

“岁寒三友”是中国传统吉祥图案，由松、竹、梅三种植物组成。这三种植物在寒冬时节仍能保持旺盛的生命力，因此被赋予坚韧、吉祥的寓意。竹子清高有节，松树常绿不凋，梅花则在寒冬中绽放，它们都被用来比喻高尚的人格和忠贞的友谊。

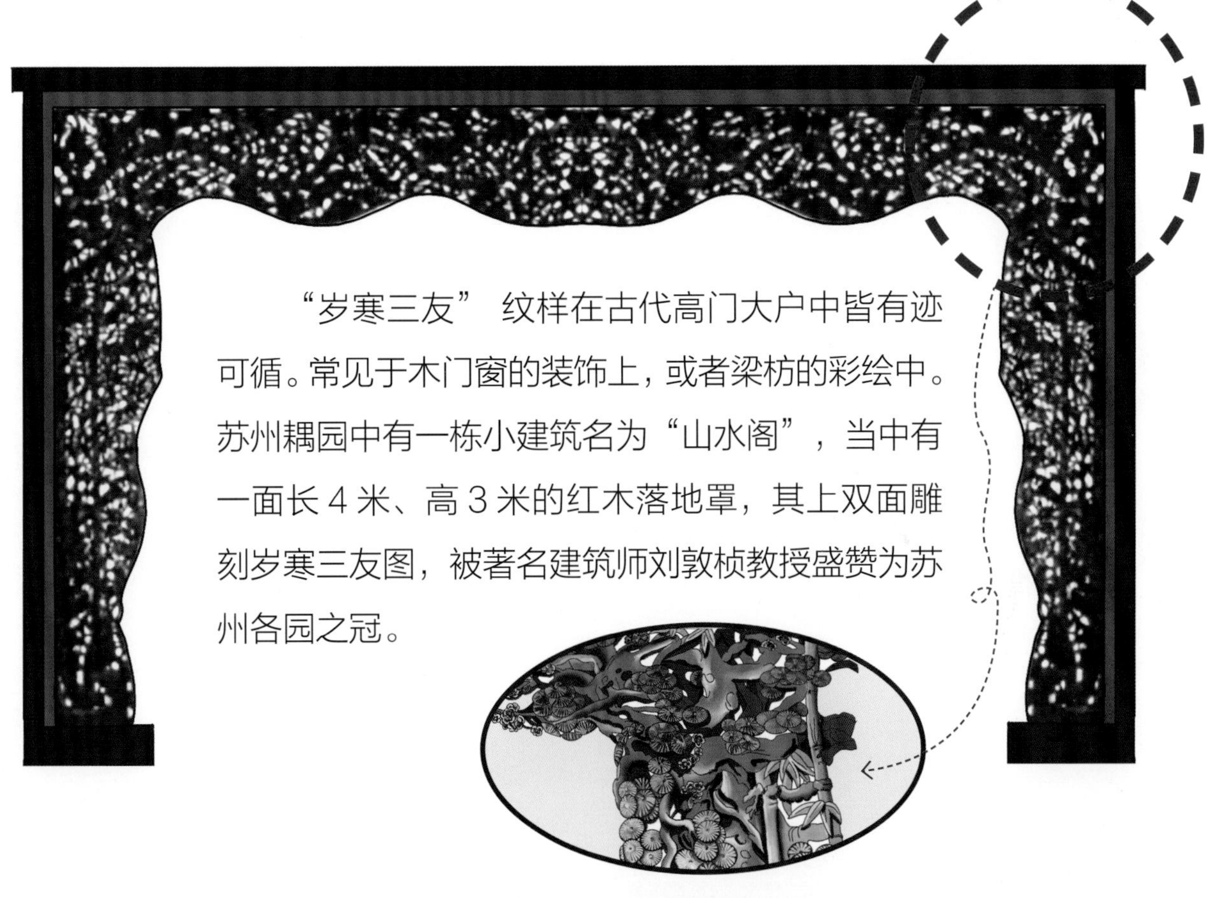

“岁寒三友” 纹样在古代高门大户中皆有迹可循。常见于木门窗的装饰上，或者梁枋的彩绘中。苏州耦园中有一栋小建筑名为“山水阁”，当中有一面长 4 米、高 3 米的红木落地罩，其上双面雕刻岁寒三友图，被著名建筑师刘敦桢教授盛赞为苏州各园之冠。

八坊十三巷古街位于甘肃省临夏市城区，是保存完好的明清时期传统民居群落。其中一幅大砖雕以松竹梅为主题，寓意吉祥如意和忠贞气节。这幅大砖雕立体生动，工艺精湛。它是八坊十三巷古街区的重要景点之一。

牡丹

牡丹原产于中国，早在 2000 多年前就开始被人工栽培。牡丹盛开时花朵大且艳丽，总给人雍容华贵、妩媚多姿的印象，素有“花中之王”的美誉，有富贵、太平、繁荣等美好寓意。隋唐时期的洛阳，几乎家家有种植牡丹的传统，赏花之风盛极一时。牡丹花的装饰纹样也一直为中国人所喜爱，被运用到了建筑和陶瓷、银器、服饰、家具等各类生活物件中。

山西李家大院是研究晋南民居建筑的活化石，里面保存了大量精美的建筑装饰，包括木雕、砖雕和石雕等。这块檐下的木雕牡丹，不仅与藤蔓相配组成“富贵万代”的图形，中间还雕刻了一家人温馨幸福的场景，体现了屋主人对美好生活的祝愿。

广州陈家祠中进正厅屋脊上有一面名为“花开富贵”的陶塑，上面是多朵艳丽的牡丹，盛放在蜿蜒的树枝上，寓意陈氏家族子孙绵绵、永享富贵。

云南大理白族民居的山墙上，喜欢绘制规整精致的装饰图案，俗称“山花”，使用花卉、鸟兽、山水等自然元素，体现了白族人对自然与生活的热爱和追求。牡丹花是山花图案中较为常用的一种，寓意着富贵、吉祥、繁荣。

四季瓜果

早期的人类主要靠采集和狩猎为生，而瓜果作为自然界中的丰富食物资源之一，为人类提供了重要的营养来源。随着人类社会的发展，瓜果的栽培和种植成了重要的农业活动，推动了社会经济的发展。因此，瓜果在人类的文化传承中也扮演着重要的角色，被赋予了丰富的象征意义。

岭南地区盛产水果，丰富的水果资源成为岭南文化中的重要元素，岭南建筑中常以各种水果的形象作为装饰。另外，人们还会通过粤语的谐音来赋予水果更多的美好寓意，如荔枝的“荔”与“吉利”的“利”谐音，橘子的“橘”与“吉祥”的“吉”谐音等。在广州陈家祠的中进正厅月台上，有四座雕有菠萝、杨桃、仙桃、佛手和番石榴的围栏望柱石，象征陈氏子孙以果品祭祀天地神灵和祖先的虔诚敬意。

石榴的果皮里长满了无数的种子，在许多文化中被视为多产和生命的象征。广东顺德的碧江金楼中，有许多雕刻精美的木雕花窗，加上表面刷成了金色，让整个屋子看起来格外地富丽堂皇。其中一扇就雕刻了石榴缠枝花图案，寓意多子多福，祈求家族繁荣昌盛。

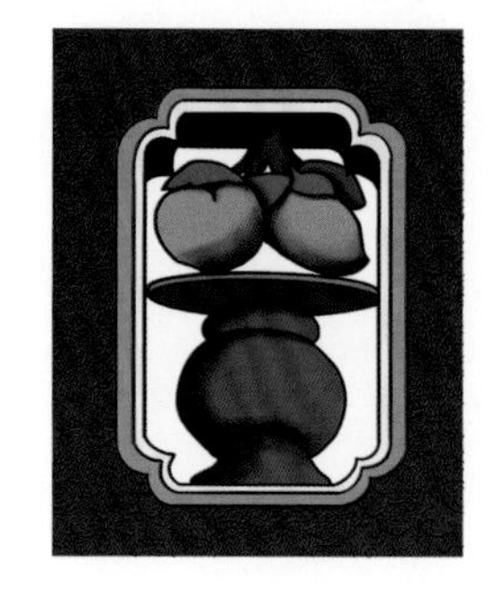

桃子在中国传统文化中有多重美好的寓意。桃树在春季开花的时候，寓意着春回大地，万象更新，因此与长寿和福运联系在一起。桃子的外形类似于人头，因此常常被用来表达家庭团圆、子孙满堂的愿望。桃子还被视为驱邪的象征物，所以，传统建筑中经常用桃子纹样进行装饰。

意大利庞贝古城农牧神庙遗址中有一幅镶嵌画，是古老而神秘的艺术品。这幅画采用了不同颜色和形状的小石块拼接而成，其中许多部分描绘了瓜果的图案。这可能是为了表达丰收和生命的寓意，也有可能与该神庙所供奉的农业神和牧羊神有关。

在古希腊和古罗马文化中，葡萄被视为一种珍贵的水果，同时也是酿造葡萄酒的主要原料。因此，它常常被用作象征丰收和繁荣。而古希腊神话中的酒神狄俄尼索斯，同时也是掌管丰收与植物的自然神。因此，葡萄和狄俄尼索斯的雕像常常一起出现在建筑装饰中，以表达丰收、繁荣、快乐的美好寓意。这种装饰风格流传至今，成为西方建筑装饰中常见的元素之一。

在西方建筑中，瓜果元素也被广泛地运用在墙面、天花板、柱子等部位上。这是因为在西方文化中，瓜果被视为生命、丰收、繁荣和富裕的象征。同时，瓜果还可以带来一种生动、活泼的感觉，使装饰更具生机和活力。

第三章

现代仿生建筑

鱼

鱼是地球上最古老的脊椎动物！它们可以在淡水和咸水里生活，无论是湖泊还是大海，都能找到它们。我们对鱼类可不陌生呢！那么，如果有人把建筑设计成一条鱼的样子，你们是不是也想去看看呢？

美国著名建筑师弗兰克·盖里就喜欢创造像鱼一样的建筑，而且还不止一栋！据说这和他童年时的深刻记忆有关。1989 年，他在日本神户建造了这座鱼舞餐厅（左页图），迅速吸引了大量好奇的目光。在盖里看来，建筑就应该向自然学习，应该具有自由的曲线、清晰的动感和大胆的创新。

飞鸟

这座建筑就像一只白色的大鸟（左页图），张开翅膀，准备要飞翔了！它叫密尔沃基艺术博物馆，位于美国密歇根湖边，是由西班牙著名建筑师卡拉特拉瓦设计的。这位大师喜欢模仿动物的骨骼，所以他设计的建筑看起来很特别，而且非常结实！更有趣的是，这座建筑的“翅膀”真的可以像鸟一样动起来，上下挥舞！这是因为建筑师用了钢缆和铰链，让建筑的一些部分可以以不同的速度上升和下降。

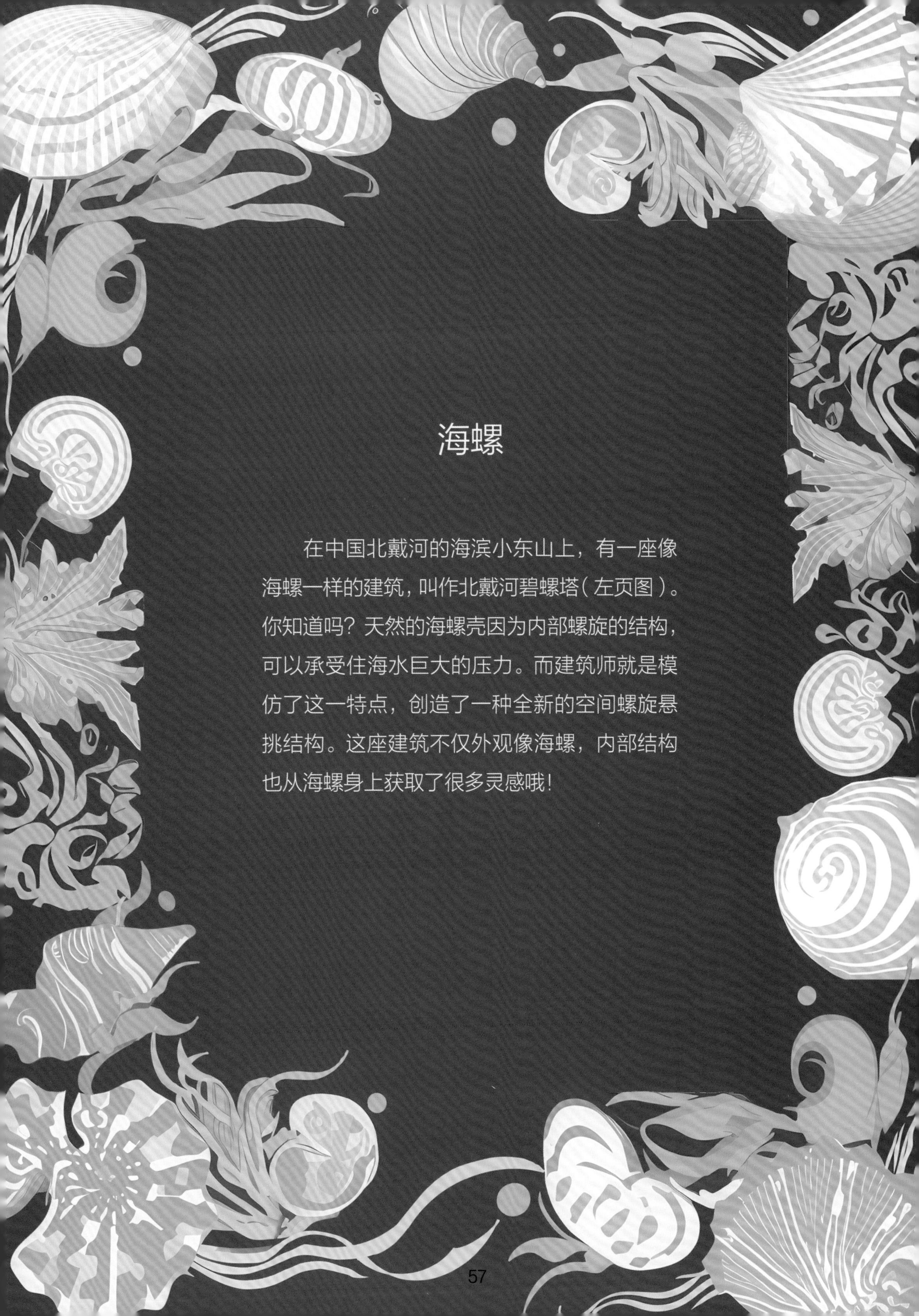

海螺

在中国北戴河的海滨小东山上，有一座像海螺一样的建筑，叫作北戴河碧螺塔（左页图）。你知道吗？天然的海螺壳因为内部螺旋的结构，可以承受住海水巨大的压力。而建筑师就是模仿了这一特点，创造了一种全新的空间螺旋悬挑结构。这座建筑不仅外观像海螺，内部结构也从海螺身上获取了很多灵感哦！

竹子

在中国台北有一座超高的大楼叫作 101 大楼（左页图），它的设计灵感来自竹子。建筑的每一节看似独立，实则头尾相互重叠，彼此紧密联系，让这座高度达到 508 米的建筑，不仅结构更稳定坚固，看上去还多了一分挺拔的英气，显得清秀俊逸。

棕榈树

如果从高空俯瞰阿联酋的迪拜，你可能会看到巨大的棕榈树形状的人工岛漂浮在碧蓝的海面上（左页图是其一）。

它们是目前世界上最大的人工岛屿。棕榈树在许多文化中都象征着胜利与和平，而在阿拉伯文化中更被称为“生命之树”，因为它们能够在干旱和炎热的环境中生存。这些人工岛的几何形状设计得非常完美，最大限度地延伸了迪拜的海岸线。整个岛屿被打造成一个巨大的避暑胜地和娱乐天堂，拥有众多酒店、别墅、运动场、健身房和电影院等世界一流的设施。

兰花

新加坡滨海湾花园是一座位于新加坡海边的景观建筑，以新加坡的国花兰花为灵感，模拟其叶、枝、芽来布置园区地貌和道路（左页图）。18棵“超级大树”比喻为兰花的花朵，同时也被设计为植物冷温室的排气管和吸收储备太阳能的能源中心。这种形态仿生体系展示了新加坡作为“花园国家”的环境特色。园区内有丰富多样的热带植物，同时也是市民休闲娱乐的场所。

莲花

落成于 2019 年的中国浙江杭州奥体中心体育场，外观形如一朵莲花，盛开于钱塘江边（左页图）。体育场由 28 片大花瓣和 27 片小花瓣组成，造型动感飘逸，令人联想起西湖美景中的“接天莲叶无穷碧，映日荷花别样红”。这体现了人们对莲花的喜爱，同时也是现代建筑努力融入传统文化元素的代表，它也成为了杭州城市地标之一。

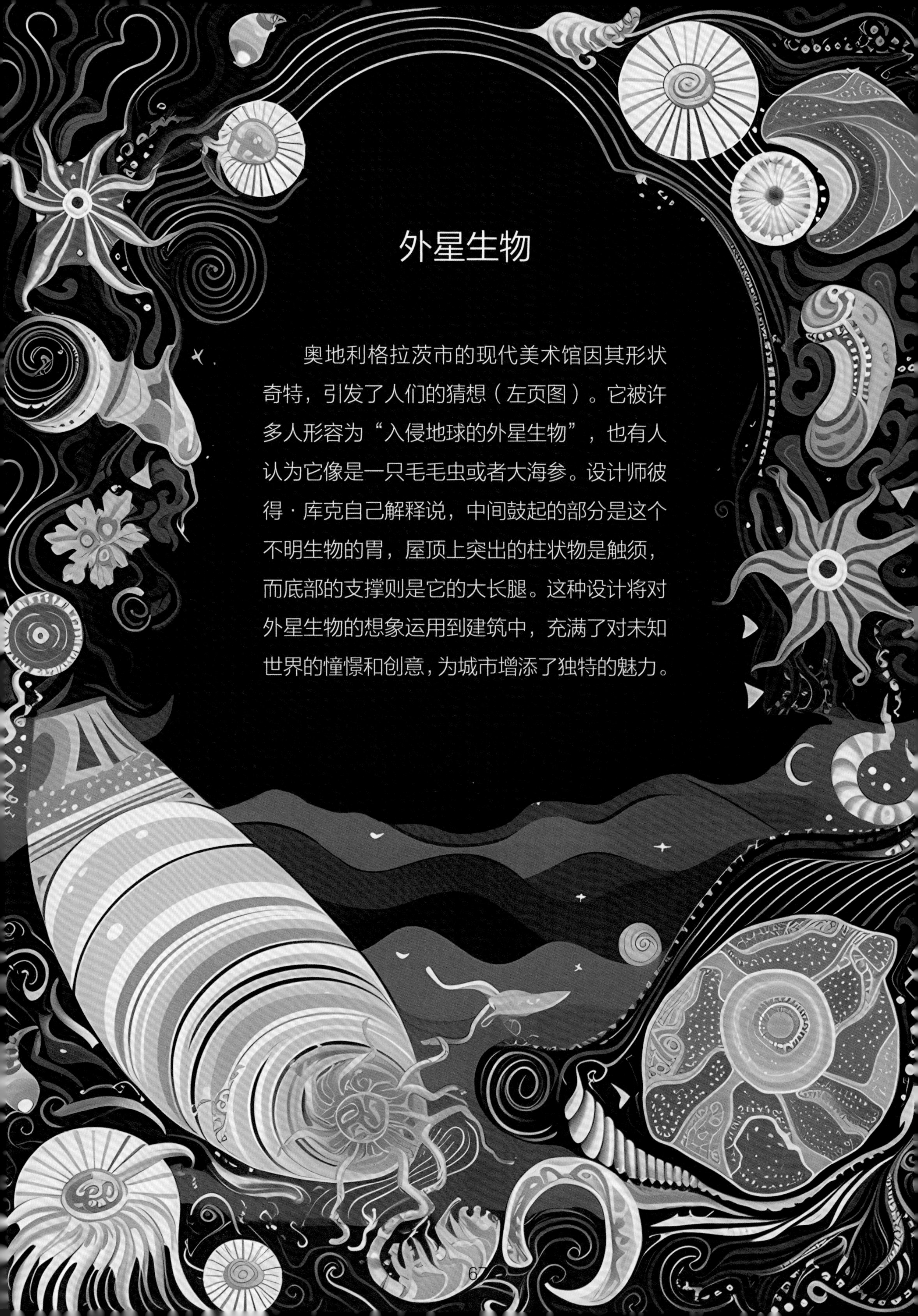

外星生物

奥地利格拉茨市的现代美术馆因其形状奇特，引发了人们的猜想（左页图）。它被许多人形容为“入侵地球的外星生物”，也有人认为它像是一只毛毛虫或者大海参。设计师彼得·库克自己解释说，中间鼓起的部分是这个不明生物的胃，屋顶上突出的柱状物是触须，而底部的支撑则是它的大长腿。这种设计将对外星生物的想象运用到建筑中，充满了对未知世界的憧憬和创意，为城市增添了独特的魅力。

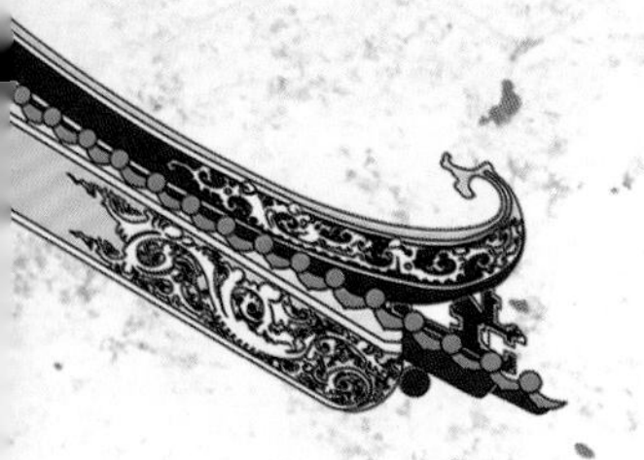

专有名词小词典

灰塑

俗称“灰批”，是流行于中国广东地区的一种传统雕塑艺术。它以石灰为主要材料，具有耐酸、耐碱、耐高温的优点，非常适合广东一带的湿热气候条件。此外，灰塑不需烧制，可现场施工，具有因地制宜、因材施艺的灵活性和便利性。

脊饰

又叫屋脊装饰，是中国传统建筑中重要的组成部分。通常是以灰塑、陶塑、砖雕等工艺，制作出各式各样精美的雕塑，置于屋脊之上。在文化内容方面主要有图腾兼民俗风水作用，蕴藏着深厚的中国哲学思想和内涵。

滴水嘴兽

又称石像鬼或雨漏，常见于欧洲哥特式建筑中，一般雕刻成动物或鬼怪模样。除了装饰作用外，还有排水的作用，把屋顶流下来的雨水通过石像嘴上的孔洞排出，防止雨水侵蚀墙壁石块之间的砂浆。

柱式

是指一整套欧洲古典建筑立面形式生成的原则。主要涉及柱子的柱座、柱身、柱头和整个柱子的尺寸、比例，根据这些尺寸就可以进一步计算出建筑各部分的尺寸。经典柱式包括：多立克、爱奥尼、科林斯和塔司干。

藻井

又称绮井、方井等，是中国传统建筑的一种天花板结构及顶部装饰手法，将建筑物顶棚向上凹进如井状，四壁饰有藻饰花纹，故而得名，其目的是突出主体空间。

石像生

是君主、皇族、贵族、高官显要放在其陵墓前的石雕，有驱邪镇墓、彰显地位及表彰死者生前功绩的用途，造型有象、狮、獬豸、麒麟、骆驼、虎、羊、马等动物，还有人形的石雕像等。

落地罩

是中国古建筑中的一种装饰构件，一般从地面一直到梁（或枋）的位置。除了装饰作用，还可以划分室内空间，让各空间既保持畅通，又有层次感。

镶嵌画

一种装饰艺术，通常使用许多小石块或有色玻璃碎片拼成图案，形成五彩斑斓的视觉效果。在古罗马时期特别流行，经常被用作地板和墙壁的装饰。

哥特式建筑

是一种兴盛于欧洲中世纪的建筑风格。建筑整体高耸瘦削，建筑技艺登峰造极，表现了神秘、哀婉、崇高的情感，对后世其他艺术风格有重大影响。

驼峰

传统建筑中于上下梁枋间配合斗拱起支承托垫作用的构件，因通常做成骆驼背峰的形状而得名。

照壁

也称影壁，是放在院门前或后的一堵墙壁，用于遮挡外面的视线。